BEI GRIN MACHT SICH IHR WISSEN BEZAHLT

- Wir veröffentlichen Ihre Hausarbeit,
  Bachelor- und Masterarbeit

- Ihr eigenes eBook und Buch -
  weltweit in allen wichtigen Shops

- Verdienen Sie an jedem Verkauf

Jetzt bei www.GRIN.com hochladen
und kostenlos publizieren

Caspar Felix Klein

Berge, Höhlen und Wasser

Die ideationale Bedeutung von Landschaft für prehispanische Kulturen

GRIN Verlag

Bibliografische Information der Deutschen Nationalbibliothek:

Die Deutsche Bibliothek verzeichnet diese Publikation in der Deutschen National-
bibliografie; detaillierte bibliografische Daten sind im Internet über http://dnb.d-
nb.de/ abrufbar.

Impressum:

Copyright © 2009 GRIN Verlag GmbH
Druck und Bindung: Books on Demand GmbH, Norderstedt Germany
ISBN: 978-3-640-46038-0

Dieses Buch bei GRIN:

http://www.grin.com/de/e-book/133321/berge-hoehlen-und-wasser

Berge, Höhlen und Wasser

- die „ideationale" Bedeutung von Landschaft für prehispanische Kulturen -

Verfasser: Caspar Klein

Inhalt:

1 Einleitung

In dieser Arbeit soll die *ideationale Bedeutung von Landschaft* für prehispanische Kulturen herausgestellt werden. Wie ideationale Bedeutung von Landschaft in diesem Zusammenhang definiert wird, ist aufgrund der Komplexität der Definition, Inhalt eines eigenen Abschnittes (Kapitel 2). Als prehispanische Kulturen werden Bevölkerungsgruppen definiert, die sich schon vor der Kolonialisierung durch die Spanier im 16. Jahrhundert in Süd- und Mittelamerika befanden. In vielen Fällen bildeten sie bereits eigenständig entwickelte Hochkulturen mit einer zum Teil ca. 3000 Jahre alten Kulturgeschichte. Das Verbreitungsgebiet dieser Völker, das so genannte Mesoamerika, erstreckt sich im weitesten Sinne von dem zentralen mexikanischen Hochland ausgehend weiter in südöstlicher Richtung bis Nicaragua (SOMMERHOFF 1999:67). Da diese Arbeit im Rahmen eines Seminars zur Vorbereitung einer Exkursion nach Mexiko verfasst wurde, sind die angeführten Beispiele meist mit Bezug zu dem Land und der Region um Mexiko gewählt. Aufgrund dessen werden vornehmlich prehispanische Kulturen, die in dieser Region gewirkt haben, vorgestellt. Auch stellt sich die Thematik durch das Vorhandensein zahlreicher unterschiedlicher prehispanischer Kulturen als relativ komplex dar. Vor allem existieren, bedingt durch die Mannigfaltigkeit der Bevölkerungsgruppen, zahlreiche mystische Vorstellungen, deren Systematisierung in einzelne Religionen schwierig ist (SOMMERHOFF 1999:68). Deshalb erfolgt eine weitere Eingrenzung dahingehend, dass im Folgenden vor allem die ideationale Bedeutung von Landschaft für die prehispanischen Maya exemplarisch hervorgehoben werden soll. Die Maya bilden neben den Inkas, Azteken und anderen Kulturen eine bedeutende, die Landschaft von Mexiko prägende, prehispanische Hochkultur. Viele Aspekte die im nachfolgenden am Beispiel der Maya dargelegt werden finden sich ebenfalls in gleicher oder ähnlicher Form bei den anderen Völkern wieder.

Wie bereits angesprochen bedarf es, zum besseren Verständnis der Thematik, im ersten Teil dieser Arbeit zunächst einer kontextbezogenen Definition des Begriffes der *Ideationalen Landschaft*. In Kapitel drei folgt eine Darstellung der Weltvorstellung der prehispanischen Maya. Daran anknüpfend sollen in Kapitel vier schließlich verschiedene Aspekte an zwei konkreten Fallbeispielen erklärt werden.

Die ideationale Bedeutung von Landschaft für prehispanische Kulturen lässt sich anhand zahlreicher Beispiele illustrieren und interpretieren. In dieser Arbeit soll der Focus jedoch vor allem auf die Bedeutung der Elemente *Berge*, *Höhlen* und *Wasser* innerhalb der Vorstellungswelt der Maya gerichtet werden.

2 Die ideationale Bedeutung von Landschaft

Da Landschaft in vielerlei Hinsicht definiert werden kann, sei den weiteren Ausführungen zunächst eine kurze, für den Inhalt dieser Arbeit geeignete, Definition des Begriffes Landschaft vorangestellt. Nach KNAPP (1997:17) ist Landschaft:

> "[…]not to be viewed as a ready-made, naturally given substrate on which a cultural design or mental template is imposed. It is never "complete", nor is it "built or "unbuilt"; rather it is a "social expression", perpetually under construction."

Nach Knapp ist Landschaft also nie eine vollendete Konstruktion, sondern sie befindet sich in einem stetigen Wandel und ist eher als der soziale Ausdruck einer Gesellschaft zu begreifen. Landschaft wird demnach also durch die sie betrachtenden Lebewesen definiert und ist von deren individuellen Vorstellungs- und Erfahrungswelt abhängig, d. h. die Definition von Landschaft resultiert aus der jeweiligen Perspektive des definierenden Betrachters.

Der Begriff *ideational* wird meist im angloamerikanischen Sprachraum verwendet, wodurch es auf einer ersten Ebene relativ schwierig ist eine eindeutige deutsche Übersetzung zu finden. Aufgrund dessen soll im Folgenden eine Annäherung an den englischen Begriff *ideational* gesucht werden. Nach ASHMORE und KNAPP (1999:12) ist der Therm *ideational* umfassend und vage zugleich. So gibt das *Oxford English Dictionary*, nach ihrer Erkenntnis zwei Definitonen:

1) the formation of ideas or mental images of things not present to the sense; und

2) culture based on spiritual values or ideas.

Demnach kann der Begriff ideational also etwa die Bildung einer mentalen Idee oder eines Konzeptes bedeuten, die in Bezug zu einem äußeren Objekt steht. Dabei ist dieses mentale Konzept "not present to the sense", d. h. die Idee ist, auf einer ersten Ebene, nicht mit den Sinnen erfass- oder wahrnehmbar. Um sich dem Begriff weiter anzunähern kann die zweite Definition helfen. Demnach beschreibt ideational also eine Kultur die auf geistigen Werten oder Ideen basiert. Diese Auslegung nähert sich dem Sinngebrauch des Wortes der Archäologie an in dem ideational meist als Synonym für heilig oder symbolisch verwendet wird. Metaphorisch wird hier oft auch, für ideationale Landschaft, der Begriff "Landscape of the mind" verwendet (BINTLIFF 1996:250). ASHMORE und KNAPP (1999:12) weisen weiter darauf hin, dass bei der Interpretation des Begriffs vor allem festgestellt werden muss, ob diese *mentale Landschaft* als imaginativ, emotional oder empirisch zu bewerten ist und aus welcher Perspektive heraus eine ideationale Landschaft wahrgenommen wird, d. h. ist der Standpunkt des Betrachters der eines Insiders oder eines Outsiders.

Für ASHMORE und KNAPP ergeben sich aus den vorangegangen Aspekten folgende zusammenfassende Sinndeutungen. Eine ideationale Landschaft kann sowohl imaginativ, in dem

Sinne sein dass sie ein mentales Konstrukt von etwas ist als, auch emotional, da sie geistige Werte und Ideen ausbildet und kultiviert. Ideational beinhaltet, je nach Verwendung, eine Insider-Perspektive, in unserem Fall die Sicht der prehispanischen Völker, d. h. deren *mental landscape*, die aber durch eine Outsider-Perspektive, die des Wissenschaftlers, erforscht wird (ASHMORE, KNAPP 1999:12).

Zusammenfassen kann man festhalten, dass eine ideationale Landschaft in etwa also die mentale Vorstellung einer Gesellschaft von einem Landschaftsraum ausdrückt. Diese mental kreierte Landschaftsvorstellung ist eng mit der jeweiligen in ihr lebenden Kultur verknüpft und stellt daher in gewisser Weise gleichzeitig ein Abbild des Weltverständnisses dieser Kultur dar. Hervorzuheben ist unter diesem Aspekt vor allem, dass sich letztendlich unsere Wahrnehmung von Landschaft gänzlich von der Landschaftswahrnehmung anderer Kulturen unterscheiden kann. Um die ideationale Bedeutung von Landschaft für prehispanische Kulturen, bzw. der Maya zu untersuchen ist es deshalb wichtig sich zunächst etwas eingehender mit deren Weltvorstellung zu befassen.

3 Weltvorstellungen der Maya und Auswirkungen auf den Raum

So wie in der Einleitung angedeutet, die hohe Anzahl prehispanischer Kulturen eine Komplexität für das Thema insgesamt bedingt, so ist der eingeschränkten Darstellung der Thematik, durch die alleinige Vorstellung der Religion der Maya trotzdem noch eine relativ hohe Vielschichtigkeit inhärent. Diese kommt dadurch zustande, dass in Mesoamerika eine große Anzahl unterschiedlicher Maya-Ethnien existierte und zum Teil heute noch existiert die nie einen einheitlichen Maya-Staat bildeten. Dadurch ist es nie zu der Ausbildung einer einheitlichen Glaubensvorstellung oder Maya-Religion gekommen. Trotz dieser Aspekte gibt es einige grundsätzliche Glaubensvorstellungen die innerhalb der meisten Maya-Ethnien allgemein hin verbreitet waren (VINKE: 1997:17;18). In Abschnitt 3.1 werden diese Grundzüge der Maya-Weltvorstellungen im groben kurz vorgestellt, in Abschnitt 3.2 wird dann eine vertiefende Darstellung in Bezug auf die Elemente Berge, Höhlen und Wasser folgen.

3.1 Weltvorstellung und Religion

Für die prehispanischen Gesellschaften Mesoamerikas lässt sich insgesamt feststellen, dass deren Weltbild und damit ebenso die Wahrnehmung von Landschaft durch eine oftmals stark mystische und religiöse Vorstellung von Raum und Zeit gekennzeichnet ist (SOMMERHOFF 1999:68). Vor allem für die Maya ist die Wahrnehmung von Landschaft an übernatürliche Kräfte gebunden. In ihrer Vorstellungswelt ist das Firmament das Abbild eines Schöpfungsreiches in dem mystische und religiöse Ereignisse auftreten. Die Lebewesen auf der Erde wiederholen die in diesem Reich auftretenden Ereignisse durch ihr Agieren und ihre Existenz und erzählen die überirdische Schöpfungsgeschichte somit gewissermaßen auf terrestrischem Terrain nach

(ASHMORE, KNAPP 1999:124). Nach FREIBURG (2007:43) ist die Erde aus Sicht der Maya somit ein Ort „[…] an dem die Menschen zur Verehrung der Götter leben". Die Natur war und ist z. T. auch noch für die heutigen Nachfahren der Maya nichts anderes als eine Materialisierung des Geistigen, bzw. Überirdischen. Dieses Weltbild schaffte für die Maya zwei komplementäre Dimensionen innerhalb ihrer Erfahrungswelt. In einer Dimension lebten die Götter, Ahnen und andere Geister in der anderen Dimension sie selbst. Die beiden Dimensionen sind in ihrer Vorstellungswelt untrennbar miteinander verknüpft und beeinflussten sich gegenseitig (SCHEELE, FREIDEL 1990:52). Die Welt kann in der Vorstellung der Maya generell in die drei Bereiche Himmel, Erde und Unterwelt untergliedert werden. Diese Sphären liegen in Schichten übereinander und sind nicht klar voneinander abgegrenzt, sondern durchdringen sich gegenseitig (SCHEELE, FREIDEL 1990:53). In sich untergliedern sich diese drei Bereiche noch mal in insgesamt 23 Schichten. Davon entfallen 13 Schichten auf den Himmel, 9 Schichten auf die Unterwelt und eine Schicht auf die Erde. Im Himmel gibt es daher 13 Gottheiten die in jeweils einer Schicht wohnen, in der Unterwelt dem entsprechen 9. Die Erde wurde schließlich durch das Zusammenwirken von Himmel und Unterwelt erschaffen (FREIBURG 2007:44).

Im Zentrum der drei Ebenen liegt vertikal die Weltenachse, die in der Literatur oft als axis mundi bezeichnet wird, sie verbindet die einzelnen Sphären miteinander (NARBERHAUS 2006:192). Ausdruck findet dies vor allem in der Vorstellung, dass ein so genannter heiliger Weltenbaum, als Symbol für diese Weltenachse, alle drei Bereiche koppelt. Auf der Erde ist sein Stamm ausgebildet von dem ausgehend die Baumkrone bis in das Himmelsgewölbe reicht, wodurch Himmel und Erde verbunden werden. Schließlich reicht das Wurzelwerk tief bis in die Unterwelt und schafft somit eine Einheit der drei Bereiche (VINKE 1997: 54). Die Maya stellen sich die drei Bereiche oft auch als lebendige Wesen vor die miteinander kommunizieren. Dies wird zum Beispiel in der Vorstellung deutlich dass der auf die Erde fallende Regen von einem Himmelsmonster erzeugt wird das blutet. Die Unterwelt wird als eine Parallelwelt angesehen in der ähnliche Dinge wie auf der Erde existieren. So gibt es in ihr ebenfalls verschiedene Lebewesen und auch Bewohner die eine künstliche Landschaftskulisse gestalten können. Diese Unterwelt hat zudem die Eigenschaft, sich während des Sonnenuntergangs über der Erde zu positionieren um dann bei Nacht zum Firmament zu werden. Vom Zentrum der Erdenwelt, also vom Schnittpunkt der axis mundi mit der Erdebene ausgehend erstrecken sich vier Himmelsrichtungen. Diese Kardinalrichtungen erlauben den Maya eine Einteilung der Erdenwelt in vier Weltengegenden. Die Hauptachse wird von Ost nach West durch den Lauf der Sonne definiert. Im Vergleich zur heutigen Einteilung der Himmelsrichtungen, liegt bei den Maya der Osten im gegenwärtig definierten Norden (SCHEELE, FREIDEL 1990:54). Die Erdoberfläche wird zu allen Seiten von Wasser begrenzt (NARBERHAUS 2006:192). Des Weiteren wird die Erde oft als eine auf dem Ursee schwimmende Fläche beschrieben, die symbolisch als Krokodil- oder Schildkrötenrücken dargestellt wird. Wie schon erwähnt wird diese, von den Menschen belebte Welt als ebenso heilig angesehen wie der Himmel oder die Unterwelt (SCHEELE, FREIDEL 1990:53). Dies hat zur Folge, dass alle materiellen Elemente der Menschenwelt wie Bergen, Höhlen, Cenotes, Flüssen, Seen, Sümpfe und Savannen als auch anthropogenen angelegte Elementen wie Siedlungsstrukturen mit monumentalen Bauwerken als lebendig und heilig angesehen wurden. (SCHEELE, FREIDEL 1990:53). Zusammenfassend lässt sich also feststellen, dass die religiöse Weltvorstellung der Maya in ihrer Art der Landschaftsgestaltung durch verschiedenste Charakteristika zum Ausdruck kommt (ASHMORE, KNAPP 1999:126). Im Folgenden sollen unter diesem Aspekt vor allem die Elemente Berge, Höhlen und Wasser eingehender betrachtet werden.

3.2 Berge, Höhlen und Wasser in der Vorstellungswelt der Maya

Wie schon Abschnitt 3.1 deutlich wurde sind alle landschaftlichen Elemente von einer ihnen inhärenten Heiligkeit durchdrungen (LONGHENA 1998:84). Diese Kraft war an bestimmten Orten für die Maya besonders stark ausgeprägt. Vor allem Berge und Höhlen wurden oft als solche Kraftzentren angesehen (SCHEELE, FREIDEL 1990:56). Dieser Aspekt verdeutlicht nur noch einmal mehr den eng religiös motivierten Bezug der Maya zur Erde. Nach BRADY (1997:602) haben vor allem Ethnologen herausgestellt, dass die religiöse Weltvorstellung der Maya einen stark terrestrischen Schwerpunkt aufweist. Neben den Mayas scheint dies allerdings ein generelles Phänomen mesoamerikanischer Völker zu sein (BRADY J., SCOTT A. NEFF H. AND GLASCOCK M. D. 1997: 732). ASHMORE und KNAPP (1999:126) weisen darauf hin, dass auch die heute noch lebenden Maya die Erde oft für heilig und belebt halten was sie in dem so genannten „Erdgott" personifizieren. Dieser Erdgott heißt in der Sprache der Q'equi' Maya *Tzuultaq'a* was übersetzt soviel wie Hügeltal bedeutet. Dies ist ebenfalls ein deutlicher Hinweis darauf dass die räumlichen Merkmale Berg und Höhle, eine zentrale Rolle in der religiösen Vorstellungswelt der Maya einnehmen (BRADY 1997:603). Auch NARBERHAUS (2006:195) weist darauf hin, dass geomorphologische Erhebungen oder Aushöhlungen in der Maya-Vorstellungswelt eine signifikante Bedeutung haben. Die jeweilige Ausprägung einer Erhebung oder Aushöhlung scheint hierbei nicht von allzu großem Interesse zu sein. Von Relevanz ist eher die Tatsache, dass Höhlen ins Erdinnere reichen und Erhöhungen Richtung Himmel. Dieser Sachverhalt kommt vor allem in einer Feststellung von BRADY (1997:603) zum Ausdruck:

> „Cave is being used here in the sense of the Maya word c'en, which means hole or a cavity that penetrates the earth. As such it includes caves, grottoes, cenotes, sinkholes, many springs, places where rivers emerge from or disappear into the earth, crevices, and any number of other holes […]"

Das Maya Wort für Hohle c'en ist also nicht direkt mit dem Wort Höhle übersetzbar, vielmehr beschreibt es viele unterschiedliche Penetrationsformen in der Erde. Im Gegensatz zu dem Wort c'en steht der Maya-Begriff *witz*, der in etwa mit Berg oder Anhöhe zu übersetzten ist (SCHEELE, FREIDEL 1990:59). In der Maya- Kosmologie stehen Berge und Höhlen in einem engen Bezug zueinander. Berge sind nach dieser Vorstellung hohl und Höhlen bilden ihre Eingänge. Das Innere der Berge ist das Zuhause der Götter. In ihren Höfen beherbergen sie alle existierenden wilden Tierarten, sowie Mais, Wasser und andere Schätze. Für die Q'equi' Maya existieren. Da Höhlen die Eingänge zu dieser Welt der Götter darstellen werden diese oft als angemessene Orte für die Verehrung der Gottheiten in Form von verschiedenen Zeremonien angesehen. So ist das Ziel der Maya, wenn sie zu einem heiligen Berg pilgern, meist eine Höhle (ASHMORE, KNAPP 1999:126). Unter diesem Aspekt ist es unbedeutsam ob die Höhle natürlicher oder anthropogener Genese ist. Künstlich geschaffene Höhlen sind, wie andere anthropogene geschaffene Landschaftsmerkmale, dazu da die heilige Erdenwelt zu vervollständigen. Man kann also festhalten, dass Höhlen dadurch dass sie gewissermaßen die Münder der Götter und damit die Eingänge zur Unterwelt darstellen eine hohe symbolische Bedeutung haben. (ASHMORE, KNAPP 1999:127).

Nach SUGIYAMA (1993:106) geht aus Hieroglyphenstudien hervor dass sich die Maya ihre Unterwelt als wässerig vorstellen. Diese Vorstellung ist darin begründet, dass große Bereiche des Verbreitungsgebietes der Maya auf der Halbinsel Yucatan durch eine Karstlandschaft gekennzeichnet sind. Eine besondere Form von Aushöhlungen stellen in dieser Landschaft die so genannten *cenotes* dar. *Cenotes* entstehen wenn oberflächennahes Festgestein den unterirdischen Grundwasserspiegel freilegt (ASHMORE, KNAPP 1999:127). Sie sind korrosiv entstandene Höhlen die geologische Leitungen für Grundwasserbewegungen bilden. Die axis mundi in den Siedlungsanlagen der Maya ist oft durch eine Höhle oder eine *cenote* repräsentiert. BRADY (1997:603;604) stellt dies folgendermaßen dar:

> „Caves, as geological conduits fort he movement of groundwater, naturally combine earth and water as an expression of the power of the earth and are the residence of those deities who control that power [...]. Thus, caves have a sense of centeredness connected with them and, like the center, are above all others the most sacred places."

Die Kombination einer Aushöhlung mit Wasser verkörpert demnach für die Maya einen höchst heiligen Ort. BRADY (1997:604) vermutet dass sich die meisten Siedlungsanlagen der Maya um eine *cenote* clustern. Er weist darauf hin, dass manche Forscher diesen Sachverhalt damit erklären, dass cenotes wichtige Wasserspender darstellten und nur deshalb als Ort für die Anlage einer neuen Siedlung gewählt wurden. Seiner Erkenntnis nach allerdings werden die cenotes oft mit Kreuzen markiert oder es werden Zeremonien an ihnen abgehalten. Dies bedeutet, dass cenotes neben ihrer Funktion als Trinkwasserreservoirs ebenso als heilige Wahrzeichen fungieren können, das eine muss das andere nicht ausschließen. Des Weiteren wird die fundamentale Bedeutung von cenotes auch darin ersichtlich, als dass zum Beispiel moderne Tzeltal Maya - Gemeinschaften ihre Namen von einzelnen, ihrer Siedlung, nahe gelegenen cenotes ableiten (ASHMORE, KNAPP 1999:127). An diesem Beispiel wird sehr gut deutlich, wie die Elemente Höhle und Wasser für die Maya eine Verknüpfung von Gemeinschaftsleben mit ihren Vorfahren und der heiligen Erde schaffen. Ein weiterer Aspekt ist die Bedeutung von periodisch abfließenden Quellen die in Karstgebieten oft auftreten. Nach BRADY (1992:151) waren und werden vor allem diese periodisch schüttenden Quellen als besonders heilig angesehen, womit sie ein weiteres heiliges Landschaftsmerkmal darstellen.

Anhand der vorangegangenen Sachverhalte ist gezeigt worden inwiefern die Landschaftsmerkmale Berge, Höhlen und Wasser für die Maya von immenser Bedeutung sind. Zu Beginn dieses Kapitel wurde bereits angedeutet, dass in der Weltvorstellung der Maya die Erdenbewohner in ihrem Dasein versuchen ein Abbild zu kreieren das dem des göttlichen Schöpfungsreich gleicht. Dies wird vor allem in der Organisation und Architektur des baulichen Raumes der Maya Kulturen deutlich.

4 Fallbeispiele für ideationale Landschaftsstrukturen

Es gibt eine Fülle von Beispielen die die Bedeutung von Bergen, Höhlen und Wasser im ideationalen Landschaftsbild der Maya widerspiegeln. Im Folgenden soll das Augenmerk v. a. auf zwei Maya Gebäudearten gerichtet werden. Zum einen auf die Maya-Pyramide *El Duende* zum anderen auf den *Palenque Tempel of the Cross*.

4.1 Die Maya Pyramide El Duende in Dos Pilas

Der Maya Ort Dos Pilas befindet sich im Süden von Guatemala nahe an der Grenze zu Mexiko (siehe Abb. 1).

Abb. 1: geographische Lage von Dos Pilas

(BRADY 1997)

Die Region in und um Dos Pilas wurde im Rahmen der *Petexbatún Regional Cave Survey*, eine der umfangreichsten Untersuchungen von Höhlen im Verbreitungsgebiet der Maya, intensiv untersucht. Das für vier Jahre angelegte Forschungsprojekt analysierte systematisch die Bedeutung von Höhlen in der ideationalen Landschaft der prehistorischen Maya. Das Ziel des Forschungsprojektes bestand unter anderem darin Bauwerke, Höhlen und, aufgrund dessen dass sich Dos Pilas in einem Karstgebiet befindet, somit auch hydrologische Strukturen zu kartieren. In einem zweiten Schritt sollten aus den Ergebnissen dann Rückschlüsse auf die Beziehungen zwischen Gebäudearchitektur, Lage der Höhlen und Höhlennutzung gezogen werden. Innerhalb des Projektes wurden insgesamt 22 Höhlen mit einer Gesamtlänge von ca. 11 Kilometern untersucht (BRADY 1997:604). In Dos Pilas gibt es verschiedenartige Siedlungsstrukturen wobei man drei Hauptgebäudekomplexe ausweisen kann. Das imposanteste Bauwerk ist die Maya-Pyramide El Duende, auf deren räumliche Konfiguration in Bezug auf die ideationale Landschaftsbedeutung im Folgenden näher eingegangen werden soll. (BRADY 1997:605).

Die El Duende Pyramide (siehe Abb. 2) stellt im Prinzip einen modifizierten natürlichen Berg dar, der anthropogen in einen massiven Pyramidensockel umgeformt wurde und dem ein Tempel aufsitzt. (BRADY 1997:605) Hier wird das Bestreben der Maya deutlich, natürliche Landschaftsmerkmale anthropogen zu überprägen und ihnen dadurch eine bestimmte Symbolik beizumessen. So ist die Pyramide zwar ein menschliches Bauwerk, das aber bedingt durch das Einflechten einer natürlichen Geländeerhebung, metaphorisch immer noch als Berg angesehen werden kann. Es ergibt sich eine enge Verflechtung zwischen menschlich geschaffenen Strukturen und natürlichen Landschaftselementen. Ein weitere Aspekt ist, dass unterhalb der Pyramide die Höhle Cueva de Rio El Duende verläuft, die eine Länge von ca. 1, 5 km aufweist.

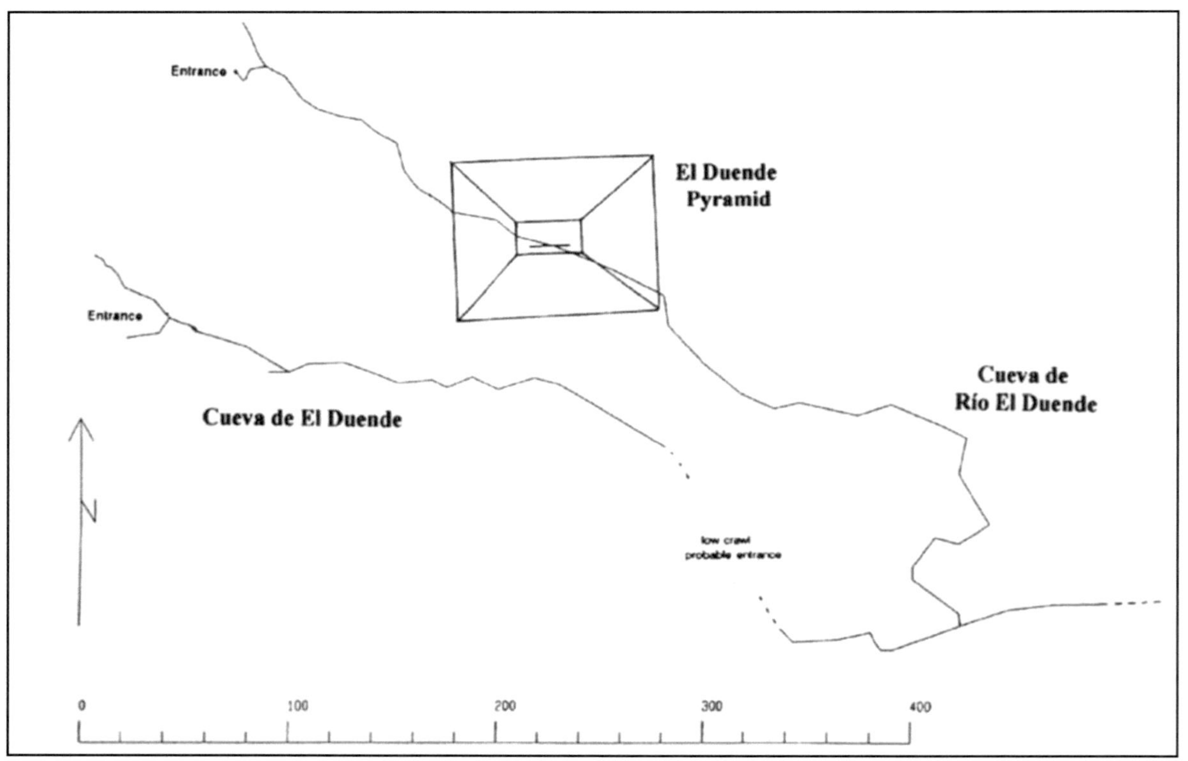

Abb. 2: Karte von dem El Duende Komplex mit Höhlenverläufen und Eingängen (BRADY 1997)

Durch die Höhle fließt nach schweren Regenfällen Wasser und zwar mit einer solchen Kraft, dass der dadurch erzeugte Lärm noch in ca. 500 m Entfernung wahrgenommen werden kann. Dieser, durch den saisonal bedingten Abfluss, sich wiederholende Lärm stellt gewissermaßen ein Metronom der Jahreszeiten dar und kennzeichnet den Beginn der Regenzeit (ASHMORE, KNAPP 1999:129). Nach ASHMORE und KNAPP wurde dieser Prozess bewusst politisch-strategisch eingesetzt. Der König konnte, dadurch dass er in etwa den Beginn der Regenzeit feststellen konnte, demonstrieren dass er die Macht über das Wasser besaß. Dies war wichtig, da der König die Verantwortung für die landwirtschaftliche Produktivität und Qualität trug. Aufgrund dessen war die Standortwahl für den Pyramidenbau nicht zufälliger Natur. Der Effekt insgesamt war für die Maya in jedem Fall eine Offenbarung von Heiligkeit. Ein anderer Aspekt ist, dass die El Duende Pyramide um die höchste Geländeerhebung im Gebiet von Dos Pilas geschaffen wurde. Das verleiht ihr automatisch eine, im wahrsten Sinne des Wortes, überragende Bedeutung. Der Aspekt der höchsten Erhebung und die Tatsache, dass unter dem Gebäude eine Höhle verläuft die sich periodisch mit Wasser füllt machen El Duende zum „Zentrum" oder der *axis mundi* von ganz Dos Pilas. (ASHMORE, KNAPP 1999:132).

Zusammen bilden die Pyramide El Duende, die Höhle Cueva de Rio El Duende und der jahreszeitlich bedingte Abfluss einen heiligen Berg-Höhlen-Wasser Komplex der ein gutes Beispiel dafür darstellt wie die Landschaftselemente Berg, Höhle und Wasser ineinander greifen können (ASHMORE, KNAPP 1999:133). Nach ASHMORE und KNAPP (1999:132) ist dieser in Dos Pilas untersuchte und beschriebene Berg-Höhlen-Wasser Komplex ein fundamentales Beispiel um die ideationale Landschaft der Maya überall besser zu verstehen.

4.2 Palenque Tempel of the Cross

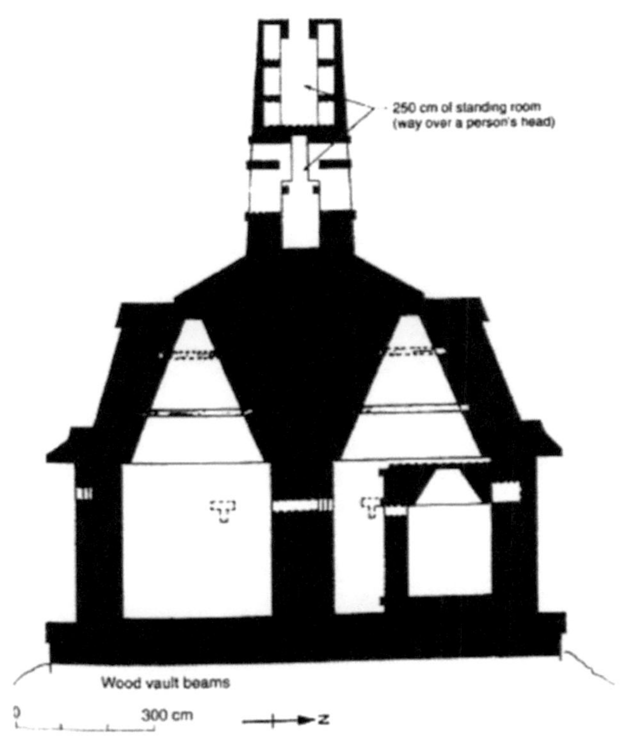

Abb. 3: Palenque Tempel of the Cross

(ASHMORE, KNAPP 1999)

Im vorherigen Fallbeispiel wurde schon ansatzweise deutlich dass die Maya oft versuchen in ihren Bauwerken natürliche Landschaftselemente nachzuempfinden. Genauso wie Pyramiden metaphorisch Berge nachempfinden können, so sind die den Pyramiden aufgesetzten die Tempel oft symbolisch als Höhlen zu verstehen. Diesen Sachverhalt kann man sich anhand des Palenque Tempel of the Cross gut veranschaulichen (siehe Abb.3)

Das innere Grabmahl des Tempels wird bei den Maya als *pib na*, was soviel wie Untergrundhaus bedeutet, bezeichnet. Der Begriffinhalt verweist darauf, dass der Tempel als das Abbild einer Höhle zu begreifen ist. Untermalt wird dies oft dadurch, dass der Eingang durch den offenen Mund eines Erdmonsters umrahmt ist (ASHMORE, KNAPP 1999:134).

Das Beispiel soll abschließend noch einmal mehr das Bestreben der Maya aufzeigen natürliche Landschaftselemente metaphorisch nachzuahmen. Die Höhle als heiliges, natürlich vorkommendes Landschaftselement, wird durch den Menschen in Form eines Tempels nachgebaut wodurch dieser schließlich mit Heiligkeit durchsetzt wird.

5 Fazit

Zusammenfassend bleibt zu vermerken, dass die vorliegende Arbeit einen groben Überblick über die Bedeutung von ideationaler Landschaft für prehispanische Kulturen, bzw. der Maya geben sollte. In diesem Zusammenhang wurde gezeigt, dass die ideationale Bedeutung von Landschaft stark abhängig von dem jeweiligen Weltverständnis des definierenden Betrachters ist. Um daher die ideationale Bedeutung von Landschaft für prehispanische Kulturen zu erörtern bedarf es folglich einer detaillierten Kenntnis ihrer Weltvorstellungen. Dieses Weltverständnis wurde exemplarisch, mit dem Focus auf die Landschaftselemente Berge, Höhlen und Wasser, anhand der Maya-Kultur demonstriert. Es zeigte sich, dass für die Maya Gesellschaften Landschaft insgesamt eine sehr hohe ideationale Bedeutung hat. Dies drückt sich vor allem in ihrer Organisation des baulichen Raumes aus was abschließend anhand zweier Fallbeispiele deutlich gemacht wurde.

Literatur

ASHMORE, W. AND KNAPP, A.B. (Editors), 1999: Archaeologies of landscape: contemporary perspectives. Blackwell, Maiden.

BINTLLIFF, J. 1996. Interactions and theory, methodology and practice. *Archaeological Dialogues*, 3, 246-255

BRADY, J. E. 1997. Settlement Configuration and Cosmology: The Role of Caves at Dos Pilas. *American Anthropologist*, Vol. 99, No. 3, 602-618

BRADY, J. E., SCOTT, A. 1997.Excavations in Buried Cave Deposits:Implications for Interpretation. *Journal of Cave and Karst Studies* 59(1), 15-21

BRADY, J.E., AND VENI, G. 1992. Man made pseudo-karst caves: the implications of subsurface geologic features within Maya centers. *Geoarchaeology*, 7, 149-167

BRADY, J.E.,, SCOTT, A., NEFF, H., AND GLASCOCK, M. D. 1997: Speleothem breakage, movement, removal, and caching: an aspect of ancient Maya cave modification. *Geoarchaeology*, 12, 725-750

FREIBURG, A. 2007. Magisches Mexiko Vom Mythos beseelt – mit Mut bedacht. Von Olmeken, Maya und Azteken. Ein Streifzug durch die Geschichte Mexikos. Aaachen

KNAPP, A.B. 1997. Settlement archaeology and landscapes. In: The Archaeology of Late Bronze Age Cypriot Society: The Study of Settlement, Survey and Landscape, Glasgow: Department of Archaeology, University of Glasgow, 1-18.

LONGHENA, M. 1998. Scrittura Maya. Mailand
deutsche Ausgabe 2003: Sprechende Steine, 200 Schriftzeichen der Maya – die Entschlüsselung ihrer Geheimnisse. Wiesbaden

NARBERHAUS, M. 2006. Die Organisation des baulichen Raums in postklassischen Siedlungszentren des nördlichen Maya-Tieflandes. Dissertation Universität Bonn

SCHELE, L. AND FREIDEL, D. 1990. The Untold Story of the Ancient Maya. New York
deutsche Ausgabe 1991: Die unbekannte Welt der Maya – das Geheimnis ihrer Kultur entschlüsselt. München

SOMMERHOFF, G. 1999. Mexiko. Darmstadt.

Sugiyama S. 1993.Worldview Materialized in Teotihuacan, Mexiko Latin *American Antiquity*, Vol. 4,
Nr. 2, 103-129

VINCKE, K. 1997. Tod und Jenseits in der Vorstellungswelt der präkolumbianischen Maya. Frankfurt
am Main